AF283130

Limpieza y tratamiento de superficies

avanza editorial

Editado por:
EDITORIAL FAE, S.L.U.
Correo electrónico: editorial@editorialfae.com

Limpieza y tratamiento de superficies
Elsa Rubio Dulce

1ª Edición

Se ha puesto el máximo empeño en ofrecer a la persona lectora una información completa y precisa. Sin embargo, Editorial FAE, S.L.U., no asume ninguna responsabilidad derivada de su uso ni tampoco de cualquier violación de patentes ni otros derechos de terceras partes que pudieran ocurrir. Esta publicación tiene por objeto proporcionar unos conocimientos precisos y acreditados sobre el tema tratado. Su venta no supone para el editor ninguna forma de asistencia legal, administrativa o de ningún otro tipo.

Reservados todos los derechos de publicación en cualquier idioma:

De conformidad con lo dispuesto en el artículo 270 del Código Penal vigente, ninguna parte de este libro puede ser reproducida, grabada en sistema de almacenamiento o transmitida en forma alguna ni por cualquier procedimiento, ya sea electrónico, mecánico, reprográfico, magnético o cualquier otro, sin autorización previa y por escrito de Editorial FAE, S.L.U.; su contenido está protegido por la Ley vigente, que establece penas de prisión y/o multas a quienes intencionadamente reprodujeren o plagiaren, en todo o en parte, una obra literaria, artística o científica.

ISBN: 978-84-1135-381-6

Impreso en España

Índice

Módulo 1. Limpieza y tratamiento de superficies

Aplicaciones prácticas

Ejercicio de evaluación final

Solucionario

Bibliografía

Módulo 1. Limpieza y tratamiento de superficies

Introducción

El mantenimiento adecuado de superficies en entornos profesionales, comerciales o residenciales no solo responde a criterios estéticos, sino que influye de manera directa en la durabilidad de los materiales, la higiene ambiental y la seguridad de las personas. Cada tipo de superficie (madera, textil, metálica, pétrea o plástica) presenta características específicas que requieren productos, técnicas y herramientas de limpieza y tratamiento distintas.

En este módulo se van a estudiar los conceptos clave para distinguir los materiales más comunes, entender sus propiedades, seleccionar correctamente los productos de limpieza o protección y aplicar los procedimientos adecuados de mantenimiento, conservación y limpieza a fondo, minimizando riesgos y daños.

Además, se analizarán aspectos como el desmanchado de moquetas, el cuidado de suelos técnicos (como PVC o linóleo), la protección de superficies delicadas (como mármol o madera) y la intervención en superficies menos habituales como cristales, desagües o puntos de luz.

Objetivos

- Reconocer los distintos tipos de superficies comunes en entornos profesionales y sus características fundamentales.
- Identificar los productos de limpieza y tratamiento más adecuados para cada tipo de material (maderas, textiles, plásticos, piedras, metales, etc.).
- Aplicar técnicas de mantenimiento diario, periódico y de limpieza profunda según el tipo de superficie.
- Prevenir el deterioro de los materiales mediante el uso correcto de productos protectores y métodos adecuados.
- Detectar peligros derivados de una limpieza inadecuada y evitar el uso de productos o técnicas que puedan dañar las superficies.
- Realizar la limpieza de elementos complementarios, como cristales, desagües, luminarias o salidas de aire acondicionado, de forma eficaz y segura.

1. Conservación de los pavimentos

Los pavimentos representan una de las superficies más expuestas al desgaste mecánico, la suciedad y los agentes químicos del entorno. Su conservación adecuada no depende exclusivamente de su limpieza, sino de un conjunto de acciones que prolongan su vida útil, mantienen su apariencia y garantizan condiciones higiénicas óptimas.

Estos procedimientos deben basarse en criterios como el tipo de material, el tráfico al que está sometido, la humedad ambiental, la frecuencia de uso o el tipo de suciedad generada.

Desde una perspectiva profesional, el mantenimiento de pavimentos también está relacionado con factores como la prevención de resbalones, el control del polvo en ambientes cerrados o la resistencia frente a productos agresivos.

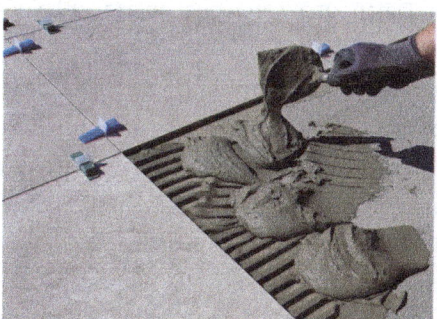

Fig. 1. Un enfoque preventivo y sistemático evita reparaciones costosas y contribuye a la seguridad y salud en el entorno laboral o doméstico

1.1. Los productos más corrientes

En la limpieza y conservación de superficies, existe una amplia gama de productos, pero algunos se emplean de forma más habitual debido a su versatilidad, eficacia y bajo coste.

Estos productos pueden clasificarse según su **función principal,** lo que permite seleccionar el más adecuado para cada tipo de suciedad o superficie sin comprometer la durabilidad de los materiales.

A continuación, se presentan los tipos más comunes de productos utilizados en la limpieza profesional, junto con su aplicación típica.

- **Detergentes neutros.** Limpieza suave sin dañar superficies (suelos de cerámica, madera barnizada, mobiliario...).
- **Desinfectantes.** Eliminación de microorganismos (zonas sanitarias, cocinas, baños...).
- **Desengrasantes.** Eliminación de grasas y aceites (suelos industriales, cocinas, talleres...).
- **Decapantes.** Eliminación de ceras o recubrimientos previos (pavimentos vinílicos o plásticos antes de aplicar ceras).
- **Abrillantadores.** Dejan una capa que aporta brillo y protección superficial (suelos de mármol o terrazo).
- **Ceras emulsionadas.** Protección y brillo mediante película superficial (suelos de linóleo, PVC, terrazo...).
- **Limpiadores ácidos.** Eliminan incrustaciones minerales (cal, óxido...). Usados para baños o zonas con aguas duras (evitar en mármol).
- **Limpiadores alcalinos.** Disuelven suciedad orgánica persistente (talleres, áreas de alto tránsito...).

Ejemplo

En un hospital, el personal de limpieza emplea detergente neutro para el suelo de vinilo en pasillos, mientras que en los aseos se utiliza desinfectante clorado y un limpiador antical en las griferías para eliminar residuos minerales.

Importante

La elección de un producto no solo debe basarse en la suciedad visible, sino también en el material del pavimento y el nivel de protección que se desea mantener.

1.2. Productos para la protección de textiles

Los pavimentos textiles, como las moquetas o alfombras, presentan una alta capacidad de absorción, lo que los hace vulnerables a las manchas, la humedad y la acumulación de microorganismos. Por ello, no basta con limpiarlos, sino que es necesario aplicar productos que los protejan y prolonguen su vida útil, especialmente en lugares de alto tránsito como hoteles, oficinas o salas de espera.

Fig. 2. A la hora de limpiar pavimentos textiles es recomendable seguir las recomendaciones del fabricante

Existen productos formulados específicamente para este tipo de superficies, que actúan como barrera entre la fibra y los agentes externos, como:

- **Hidrorepelentes o impermeabilizantes.** Evitan la absorción de líquidos. Ideales tras una limpieza profunda.
- **Productos anti-manchas.** Impiden que las manchas penetren en la fibra. Su aplicación es periódica según uso.
- **Bactericidas/fungicidas textiles.** Previenen la aparición de moho y bacterias. Especialmente útiles en zonas húmedas o con poca ventilación.

- **Neutralizadores de olores.** Para eliminar o enmascarar olores persistentes. Recomendado en entornos sanitarios y comerciales.

En una consulta médica con moqueta, se realiza una limpieza a fondo con inyección-extracción y, posteriormente, se aplica un protector anti-manchas y un neutralizador de olores para mantener el ambiente fresco y limpio durante más tiempo.

Los productos protectores no limpian por sí mismos, pero multiplican el efecto de las limpiezas posteriores, reduciendo el esfuerzo necesario y evitando daños por frotación excesiva.

1.3. Protectores para hormigón

El hormigón es un material poroso, resistente y ampliamente utilizado en pavimentos industriales, aparcamientos, almacenes y, cada vez más, en espacios de diseño contemporáneo. A pesar de su resistencia mecánica, es vulnerable a la humedad, manchas, polvo fino y desgaste químico, por lo que requiere tratamientos específicos que consoliden su superficie y le confieran mayor protección y durabilidad.

Antes de aplicar cualquier protector, el pavimento debe estar completamente seco, limpio y libre de grasas o polvo, ya que cualquier partícula atrapada puede afectar negativamente a la adherencia y la eficacia del producto.

Los productos protectores para pavimentos de hormigón cumplen varias funciones simultáneas: sellar la superficie, reducir la porosidad, aumentar la resistencia a productos químicos y facilitar la limpieza posterior.

Estos productos pueden aplicarse sobre hormigón nuevo o en procesos de mantenimiento de superficies ya envejecidas. Además, se pueden clasificar los de la siguiente forma:

- **Endurecedores superficiales.** Reaccionan químicamente para aumentar la resistencia superficial. Muy usados en naves industriales o aparcamientos.
- **Hidrofugantes.** Repelen el agua, evitando filtraciones y eflorescencias. Además, son aplicables sobre superficies secas y limpias.
- **Selladores acrílicos o epoxi.** Forman una película protectora resistente al desgaste y también mejoran el aspecto estético (brillo).
- **Ceras para hormigón pulido.** Ofrecen brillo superficial y efecto protector. Su uso es más empleado para decoración en interiores.

En una tienda de ropa con suelo de hormigón pulido, se aplica un sellador acrílico transparente tras el fraguado para evitar manchas de calzado, líquidos y mejorar el reflejo de la luz ambiental.

1.4. Protectores para madera

La madera es un material natural, cálido y decorativo, pero también vulnerable a agentes como la humedad, la radiación solar, los insectos xilófagos y los productos químicos. Por eso, la protección de los suelos de madera, ya sea parquet, tarima maciza o laminada, es esencial para garantizar su longevidad y estética.

Al igual que los productos anteriores, los protectores para madera también pueden cumplir funciones diversas: hidrofugación, endurecimiento superficial, nutrición, abrillantado o coloreado. Por tanto, se pueden clasificar de la siguiente forma:

- **Barnices.** Forman una película dura, resistente y brillante. Ideal para parquets interiores con alto tránsito.
- **Aceites naturales** (teca, linaza, etc.). Nutren y protegen sin formar película superficial. Muy usados en tarimas exteriores y suelos rústicos.
- **Ceras.** Aportan brillo, tacto suave y protección superficial. Usado en el mantenimiento regular de suelos encerados.
- **Lasures.** Protegen y tiñen sin cubrir el poro. Su uso es sobre todo en madera expuesta al sol o la lluvia (uso exterior).
- **Impregnantes protectores.** Penetran en la madera y la protegen de hongos e insectos. Ideales para la prevención en entornos húmedos o mal ventilados.

 **Ejemplo**

En una biblioteca con suelo de tarima natural, se realiza cada año una renovación del acabado con barniz al agua de alta resistencia al rayado, mientras que en una terraza exterior se aplica aceite de teca dos veces al año para preservar el color y evitar que la madera se agriete.

La elección de un protector debe tener en cuenta el tipo de madera, su uso (interior o exterior), el acabado deseado y el nivel de exposición al desgaste o la humedad. Un error común es utilizar productos agresivos (como limpiadores con amoniaco o alcohol) sobre madera barnizada o encerada, lo cual puede deteriorar la protección existente.

Fig. 3. Siempre debe respetarse el tipo de acabado antes de aplicar cualquier producto de mantenimiento

1.5. El corcho

El corcho es un material natural procedente de la corteza del alcornoque, caracterizado por su ligereza, elasticidad y capacidad aislante tanto térmica como acústicamente. Su uso como pavimento se ha revalorizado en interiores por su confort al caminar, su estética cálida y su sostenibilidad.

Sin embargo, presenta cierta sensibilidad al agua, a los productos abrasivos y al desgaste mecánico, por lo que requiere cuidados específicos para su mantenimiento y protección. Por tanto, los cuidados del corcho se centran en tres aspectos:

- Limpieza suave y regular, con productos neutros y herramientas no abrasivas.
- Protección frente a la humedad y líquidos derramados.
- Aplicación de barnices o ceras específicas, especialmente en suelos con acabado mate.

Fig. 4. El corcho puede presentarse en forma de losetas, paneles o suelos flotantes, muchas veces barnizados o tratados con resinas protectoras

A continuación, se exponen algunas recomendaciones a seguir para un correcto cuidado del pavimento de corcho:

- **Usar aspiradora o mopa seca.** Evita arañazos con partículas duras.
- **Limpiar con paño ligeramente húmedo.** No empapar, ya que el corcho es poroso.

- **Aplicar cera específica para corcho** (1-2 veces/año). Para reforzar el acabado y aumentar la resistencia superficial.
- **Evitar exposición directa al sol.** Puede decolorarse con el tiempo.

En una sala de juegos infantiles con suelo de corcho, se realiza una limpieza diaria con mopa húmeda y semanalmente se aplica un espray abrillantador para corcho que refuerza el acabado y facilita la eliminación de manchas leves.

1.6. Pequeño vademécum

En el entorno profesional, disponer de un resumen o guía rápida sobre la compatibilidad entre tipos de superficies y productos de limpieza o protección es especialmente útil.

Vademécum: herramienta de consulta práctica que permite verificar qué producto utilizar, evitar errores comunes y planificar el mantenimiento adecuado.

En entornos donde se manejan múltiples superficies (hospitales, edificios públicos, oficinas), es útil disponer de una ficha técnica de cada estancia, donde se indiquen las superficies presentes y los productos recomendados, formando así un protocolo de intervención estándar para cada zona.

*Fig. 5. Consultar el vademécum antes de intervenir en un edificio con pavimentos mixtos
asegura el uso correcto de productos y evita daños irreversibles por incompatibilidad química*

A continuación, se expone un pequeño vademécum orientativo con las combinaciones
recomendadas y productos desaconsejados para cada tipo de superficie.

Superficie	Productos recomendados	Productos a evitar
Madera barnizada	Detergente neutro + cera o barniz al agua	Amoniaco, alcohol, productos abrasivos
Moqueta	Limpiador textil + protector anti-manchas	Lejía, cepillos duros
PVC o linóleo	Detergente neutro + cera emulsionada	Disolventes, cepillos metálicos
Hormigón pulido	Sellador acrílico + limpieza con pH neutro	Ácidos fuertes, detergentes agresivos
Mármol/piedra	Producto neutro + protector hidrofugante	Limpiadores ácidos
Cristales	Limpiador específico + herramienta adecuada	Lejía, limpiadores con abrasivos
Corcho	Limpiador suave + cera específica	Humedad excesiva, productos desengrasantes

2. Limpieza de maderas

La madera, como material vivo y poroso, reacciona a la humedad, la temperatura, la luz y los productos químicos con cambios en su forma, color o resistencia. Por tanto, la limpieza de superficies de madera no puede abordarse con los mismos criterios que otros materiales, ya que un tratamiento inadecuado puede alterar su equilibrio natural y provocar deformaciones, pérdida de brillo o deterioro estructural.

Por otro lado, la presencia de barnices, tintes o aceites protectores modifica la forma en que debe tratarse. Es fundamental entender que **la madera envejece de manera natural** y que parte de su atractivo reside en esa evolución estética. La intervención profesional debe respetar su integridad, asegurando que los productos utilizados no alteren sus propiedades físicas ni su acabado superficial.

2.1. Propiedades y características

La madera es un material vivo y orgánico, compuesto principalmente por celulosa, lignina y extractivos naturales. Esta composición hace que cada tipo de madera tenga propiedades físicas y mecánicas distintas, dependiendo del árbol del que procede, de su edad, de su lugar de crecimiento y del tratamiento que haya recibido.

Entre las propiedades generales más relevantes de la madera para su limpieza y conservación, destacan:

- **Higroscopicidad.** La madera absorbe y libera humedad del ambiente, lo que puede provocar hinchazón, contracción o deformaciones. Por eso, los cambios bruscos de humedad o temperatura deben evitarse.
- **Porosidad.** Al ser porosa, puede absorber líquidos y productos, lo que la hace vulnerable a manchas o deterioros si no está protegida adecuadamente.
- **Dureza.** Algunas maderas (como el roble o el haya) son más duras que otras (como el pino), lo que influye en su resistencia al desgaste y en los cuidados que requieren.

- **Color y veta.** El color natural de la madera puede variar mucho y tiende a cambiar con el tiempo, especialmente si se expone a la luz solar. Además, la dirección de la veta influye en la forma en que se limpia y trata. Por ejemplo, un suelo de madera expuesto al sol sin protección puede cambiar de color, volviéndose más oscuro o amarillento. Por ello, conviene aplicar protecciones UV en barnices y evitar dejar alfombras largas temporadas que generen contrastes de tono.
- **Sensibilidad química.** Ciertos productos de limpieza, especialmente los agresivos (lejía, disolventes, alcoholes fuertes), pueden dañar la superficie, alterar el color o eliminar la protección.

2.2. Maderas de uso corriente

En el ámbito doméstico, comercial o institucional, las maderas utilizadas en suelos y mobiliario suelen clasificarse según su origen en **maderas blandas** (procedentes de coníferas) y **maderas duras** (procedentes de árboles de hoja caduca).

Cada tipo de madera tiene características distintas que condicionan su comportamiento frente al desgaste y a la limpieza. Estas son algunas de las más comunes:

- **Pino.** Muy utilizado por su bajo coste, color claro y facilidad de trabajo. Es una madera blanda, porosa y sensible a los golpes. Requiere tratamientos protectores frecuentes.
- **Haya.** De tono rosado claro, bastante dura y homogénea. Suele barnizarse para protegerla del agua.
- **Roble.** Madera noble, muy dura y resistente, de color marrón claro. Ideal para suelos de alto tránsito. Soporta bien el barnizado.
- **Cerezo.** Madera de tono rojizo, con veta decorativa. Más sensible a la luz que otras, tiende a oscurecerse.
- **Nogal.** Elegante y oscura, utilizada en mobiliario de alta gama. Es sensible a rayados, por lo que requiere una limpieza cuidadosa.
- **Abeto.** De color muy claro, blando y económico. Muy común en mobiliario ligero y tarimas en viviendas rústicas.

Por otro lado, además de las maderas naturales, existen en el mercado maderas tratadas y paneles derivados (como aglomerados o MDF), cuya limpieza debe considerar los acabados superficiales más que la composición interna.

Fig. 6. La limpieza de una tarima de pino con aceite será diferente a la de un parquet de roble barnizado: cada tipo de madera y acabado requiere un enfoque específico

2.3. Presentación y protección

La forma en que se presenta la madera, es decir, su acabado superficial, influye directamente en el tipo de limpieza y mantenimiento que debe aplicarse. En el mercado existen diversas formas de presentación, cada una con sus ventajas, limitaciones y requerimientos técnicos. A continuación, se enumeran las presentaciones más frecuentes.

- **Madera natural sin tratar.** Se encuentra sobre todo en ambientes rústicos o decoraciones especiales. Es muy vulnerable a manchas, humedad e insectos, por lo que debe protegerse adecuadamente antes del uso frecuente.
- **Madera barnizada.** Recubierta por una capa protectora que aporta brillo y resistencia. Requiere limpieza con productos neutros y evitar abrasivos que dañen el barniz.

- **Madera aceitada.** El aceite penetra en el poro y lo sella sin formar película. Ofrece un acabado mate y natural. Es necesario renovar el aceite cada cierto tiempo.
- **Madera encerada.** Acabado suave y satinado. Muy decorativo, pero menos resistente al agua o a agentes químicos. La cera se repone regularmente para mantener la protección.
- **Madera laminada (tarima flotante).** No es madera maciza, sino un material sintético con apariencia de madera. Requiere productos específicos, sin exceso de agua, ya que el núcleo puede hincharse.

Un suelo de haya barnizada en una sala de reuniones se limpia con mopa seca diariamente y se pasa una fregona bien escurrida con detergente neutro semanalmente. En cambio, una tarima aceitada en una vivienda rural recibe una nueva aplicación de aceite cada seis meses para mantener su resistencia y color.

No se debe elegir un acabado solo por estética, sino también por su compatibilidad con el uso previsto. Por ejemplo, zonas con humedad, alto tránsito o riesgo de manchas deben optar por presentaciones más resistentes y fáciles de mantener.

2.4. Primera limpieza

La primera limpieza de una superficie de madera es aquella que se realiza **justo después de su instalación, reparación o restauración.** Esta limpieza tiene una función preparatoria y de protección inicial, ya que elimina restos de polvo, colas, barnices, residuos de obra o cualquier partícula que pueda interferir en el mantenimiento posterior.

Para llevarla a cabo correctamente, se deben seguir pasos específicos que respeten la fragilidad inicial del material, especialmente si aún no se ha aplicado un acabado definitivo o si este está reciente:

1. Esperar el secado completo del barniz o del tratamiento protector si se ha aplicado. Algunos barnices pueden tardar entre 24 y 72 horas en curar por completo.

2. Eliminar el polvo y partículas sueltas con aspirador de boquilla suave o mopa de microfibra, sin presionar en exceso.

3. Si es necesario retirar restos de adhesivos o marcas de montaje, utilizar limpiadores específicos sin disolventes agresivos y en pequeñas cantidades.

4. No usar agua en exceso. Una fregona mal escurrida puede afectar al material, especialmente si la madera está sin tratar o recién barnizada.

5. Aplicar un primer protector, si está previsto, como una capa inicial de cera o aceite en maderas tratadas al aceite.

 Ejemplo

Tras instalar un parquet de roble barnizado en una vivienda nueva, se espera 48 horas para el curado del barniz. Luego se aspira el polvo de obra y se pasa una mopa impregnada ligeramente en producto antiestático. Finalmente, se aplica un abrillantador específico para madera barnizada para reforzar la protección inicial.

2.5. Mantenimiento diario

El mantenimiento diario de superficies de madera tiene como objetivo principal **evitar la acumulación de suciedad y partículas abrasivas,** como el polvo o la arena, que pueden rayar la superficie y deteriorar su aspecto con rapidez. Este mantenimiento debe ser rápido, suave y respetuoso con el tipo de acabado.

Algunos ejemplos de acciones de mantenimiento diario recomendadas que se pueden llevar a cabo son:

- Barrido con mopa seca o mopa de microfibra, ya que retira el polvo sin levantarlo ni esparcirlo.
- Aspirado con cepillo blando, evitando golpear rodapiés o zonas vulnerables.
- Limpieza localizada de manchas con bayeta ligeramente humedecida y detergente neutro diluido.
- En ambientes muy transitados, puede utilizarse un producto específico pulverizado, como un limpiador para tarimas flotantes o una solución jabonosa suave.

Importante

- Evitar fregonas muy húmedas, ya que el exceso de agua puede provocar que las lamas de madera se hinchen o deformen.
- No utilizar productos con alcohol, amoniaco, vinagre o lejía, que dañan los acabados protectores.
- En zonas con alfombras, moverlas con regularidad para evitar decoloración desigual por la luz solar.

Ejemplo

En una oficina con tarima flotante laminada, se realiza un aspirado rápido cada mañana con cepillo suave y, si hay manchas de café o agua, se limpian con una bayeta húmeda y un poco de limpiador específico sin espuma.

2.6. Mantenimiento periódico

El mantenimiento periódico de la madera comprende las acciones que no se realizan a diario, pero que son necesarias cada semana, mes o trimestre, dependiendo del uso del espacio.

Su finalidad es renovar la protección superficial, corregir el desgaste acumulado y preservar el acabado original de la superficie. Por tanto, entre las tareas más comunes se incluyen:

- Limpieza en profundidad con productos específicos que respeten el tipo de acabado, por ejemplo:
  - o Para maderas barnizadas: uso de limpiadores con ceras incorporadas o abrillantadores.
  - o Para maderas aceitada: reaplicación de aceite de mantenimiento cada 4-6 meses.
  - o Para maderas enceradas: encerado periódico con máquina rotativa o a mano.
- Inspección visual de juntas, bordes y zonas de tránsito, donde puede haber mayor desgaste, levantamiento o decoloración.
- Pulido o abrillantado, en el caso de superficies que lo permitan, para restaurar el brillo original.
- Reaplicación del protector si se detecta pérdida de eficacia: cera, aceite o incluso una nueva capa de barniz en intervenciones anuales o bianuales.

Ejemplo

En un aula de formación con suelo de tarima aceitada, cada dos semanas se aplica una solución limpiadora especial para maderas tratadas con aceite. Cada 4 meses, se reaplica una capa de aceite de mantenimiento con mopa de algodón y se deja secar durante la noche.

Una buena práctica consiste en llevar un **registro de mantenimiento,** especialmente en centros públicos, hoteles o espacios con alto tránsito. Esto permite detectar patrones de desgaste, planificar intervenciones y alargar la vida útil de los pavimentos.

2.7. Limpieza a fondo

La limpieza a fondo de superficies de madera es una intervención puntual, más intensiva que el mantenimiento diario o periódico, y tiene como objetivo eliminar capas de suciedad acumulada, restos de productos anteriores, manchas resistentes o renovar completamente la superficie.

La limpieza a fondo debe realizarse con precaución para no dañar la madera ni los tratamientos protectores existentes, por lo que se recomienda realizarla cuando:

- Se ha perdido el brillo o el color natural de la superficie.
- Hay acumulación visible de ceras, suciedad persistente o grasa.
- Aparecen manchas difíciles que no responden a la limpieza habitual.
- Se va a renovar el acabado (barnizado, encerado, aceitado).

Fig. 7. En la limpieza de suelos de madera hay que tener cuidado con el exceso de uso de agua

Respecto al proceso, suele seguir estas fases:

1. Retirada del polvo con aspirador o mopa para evitar rayados.
2. Aplicación de un decapante suave si hay restos antiguos de cera o barniz, siempre según el tipo de madera.
3. Fregado con producto específico, empleando una máquina rotativa con disco suave o manualmente con bayeta microfibra bien escurrida.
4. Secado completo de la superficie, asegurándose de que no quedan zonas húmedas.

5. Reaplicación del producto de protección adecuado (aceite, cera o barniz), si se ha eliminado parcial o totalmente el anterior.

En un comedor escolar con parquet envejecido, se realiza una limpieza a fondo tras las vacaciones. Se aplica un limpiador concentrado compatible con madera barnizada, se pule suavemente con rotativa y se aplica una nueva capa de cera abrillantadora para restaurar el acabado protector.

2.8. Limpieza de mobiliario

El mobiliario de madera ya sea en hogares, oficinas o espacios públicos, requiere una limpieza distinta a la de los pavimentos, ya que las superficies son más delicadas, a menudo barnizadas, enceradas o lacadas, y presentan detalles como molduras, herrajes o superficies irregulares.

Los principios básicos para la limpieza del mobiliario de madera son:

- Evitar productos agresivos, como los limpiadores multiusos, con alcohol o amoniaco, ya que pueden eliminar el brillo, dejar cercos o dañar el acabado.
- Usar paños suaves y ligeramente humedecidos, preferiblemente microfibra.
- Seguir la dirección de la veta al limpiar o aplicar productos, para no alterar el aspecto natural de la superficie.
- No aplicar el producto directamente sobre la superficie, sino sobre el paño.

Por otro lado, los tipos de muebles más comunes y su tratamiento son:

- **Muebles barnizados.** Limpieza con detergente neutro diluido y aplicación mensual de abrillantador específico.
- **Muebles encerados.** Limpieza en seco o con cera líquida aplicada con lana de acero muy fina, para evitar acumulación de polvo y mantener el brillo.

- **Muebles con acabado mate o rústico.** Requieren solo desempolvado frecuente y aplicación ocasional de aceite de mantenimiento o cera sin silicona.

Fig. 8. En muebles con herrajes metálicos o zonas acristaladas, es preferible limpiar cada material por separado, utilizando productos compatibles con cada uno, y así evitar que el producto para madera dañe el metal o deje residuos en el cristal

Ejemplo

Una mesa de despacho de roble barnizado se limpia semanalmente con un paño de microfibra humedecido en agua con una gota de jabón neutro. Una vez al mes, se aplica una capa muy fina de abrillantador con cera natural para restaurar el brillo y proteger la superficie.

2.9. Peligros y productos dañinos

Como se ha mencionado anteriormente, la madera es un material sensible que puede deteriorarse fácilmente si no se respetan sus características físicas y químicas. Un uso inadecuado de productos o técnicas puede provocar desde manchas irreversibles hasta deformaciones estructurales o pérdida total del acabado protector.

Para facilitar la identificación de errores comunes, hay que conocer los principales peligros en la limpieza de madera y los productos o acciones que deben evitarse.

- **Hinchazón o deformación.** Debido principalmente a la exposición prolongada a la humedad. Se debe evitar el uso de fregonas mojadas, limpiezas con vapor y derrames no secados.
- **Manchas oscuras o blanqueamiento.** Por el uso de productos químicos incompatibles, como lejía, amoniaco, alcohol, vinagre, etc.
- **Decoloración por luz.** Por la exposición directa a la radiación solar. Se debe evitar la falta de protección UV o alfombras que cubren solo parcialmente.
- **Rayados superficiales.** Debido a la fricción con suciedad abrasiva o herramientas inadecuadas, como cepillos duros, estropajos, partículas de arena, etc.
- **Acumulación de residuos.** Por el uso excesivo de ceras o productos abrillantadores. Se debe evitar aplicaciones repetidas sin limpieza previa.
- **Pérdida de brillo o tacto pegajoso.** Por la mala elección de productos de mantenimiento, como productos multiusos, ceras con siliconas, etc.
- **Oxidación de herrajes o uniones.** Se produce por el contacto con agua o productos corrosivos, por ejemplo, limpiadores no específicos o sin aclarado.

Una persona limpia un suelo de madera barnizada con una mezcla de vinagre y agua caliente, creyendo que es un método "natural". Al cabo de unas semanas, el barniz comienza a opacarse y aparecen zonas blanquecinas debido a la acidez del vinagre, que ha dañado el acabado protector.

2.10. La tarima flotante

La tarima flotante es uno de los pavimentos más utilizados en viviendas, oficinas y espacios comerciales. Se compone generalmente de tablas prefabricadas, que pueden tener una capa superficial de madera natural (tarima multicapa) o un laminado decorativo (tarima sintética), instaladas sobre una base de espuma aislante sin necesidad de clavado ni pegamento. Sus principales ventajas con respecto a otro tipo de suelos de madera son:

- Rápida instalación.
- Buen comportamiento térmico y acústico.
- Amplia variedad estética.
- Precio competitivo frente a la madera maciza.

Sin embargo, también requiere cuidados específicos para conservar su aspecto y funcionalidad, ya que su núcleo suele ser de MDF o HDF, materiales sensibles a la humedad. Por lo que algunos de los aspectos clave a tener en cuenta para su mantenimiento y limpieza son:

- Aspirado suave o mopa de microfibra seca para la limpieza diaria.
- Uso de productos como limpiadores específicos para tarima, con pH neutro y baja humedad.
- Nunca usar fregona mojada, solo ligeramente humedecida y muy bien escurrida.
- Secar inmediatamente derrames de líquidos para evitar que penetren por las juntas.
- Usar protectores de fieltro en sillas y mesas para evitar rayaduras.
- Evitar cera, abrillantadores no específicos, vapor, detergentes agresivos, etc.
- Para la reparación de arañazos leves usar rotuladores de retoque o masillas de reparación para laminados.
- Respecto al mantenimiento intensivo, no admite lijado ni barnizado como la madera natural, solo puede sustituirse las piezas.

Ejemplo

En una tienda de ropa con suelo de tarima flotante sintética, el personal pasa una mopa seca cada mañana y utiliza una solución limpiadora con espray y mopa húmeda dos veces por semana. Se evita totalmente el uso de agua directa, y las perchas móviles tienen ruedas de goma blanda para no rayar el suelo.

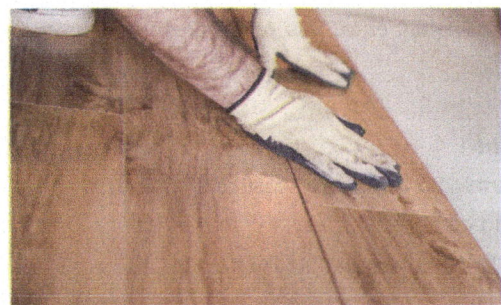

Fig. 9. La tarima flotante ofrece una buena relación entre estética y mantenimiento, pero en cuanto a limpieza su durabilidad depende en gran medida del cuidado diario y de evitar la entrada de agua

3. Limpieza de superficies textiles

Las superficies textiles, como alfombras, tapicerías o moquetas, son especialmente sensibles a la acumulación de polvo, ácaros, bacterias y manchas orgánicas. Además, sus fibras, tanto naturales como sintéticas, requieren tratamientos diferenciados que contemplen factores como la absorción de agua, la resistencia al roce o la reacción a productos químicos.

La limpieza de estos materiales exige técnicas específicas como el aspirado con filtración adecuada, el uso de inyectores-extractores o la aplicación de productos con propiedades antialérgicas o desinfectantes. Asimismo, el entorno donde se ubiquen (oficinas, hoteles, domicilios) condiciona la frecuencia y el método más apropiado, pues a menudo se combinan criterios de higiene, estética y conservación ambiental.

3.1. Fibras naturales

Las fibras naturales son aquellas que se obtienen directamente de materiales orgánicos, como plantas o animales.

En el ámbito de los pavimentos, estas fibras son valoradas por su tacto, estética y comportamiento térmico y acústico. No obstante, también presentan mayor sensibilidad a la humedad, el moho y los productos químicos agresivos.

Entre las fibras naturales más utilizadas en revestimientos destacan:

- **Lana.** Suave, elástica, resistente al desgaste. Buena capacidad aislante, requiere productos neutros o específicos para lana, y es sensible a la alcalinidad. Por ejemplo, una moqueta de lana requiere limpieza periódica con aspirado profundo y aplicación ocasional de un champú para lana con pH neutro, evitando productos alcalinos que podrían dañar las fibras y desteñir los colores.
- **Algodón.** Agradable al tacto, buena transpiración, pero se ensucia y mancha con facilidad. Poco resistente al uso continuado como pavimento.
- **Yute.** Fibra vegetal áspera, empleada en alfombras rústicas. Poco resistente a la humedad.
- **Sisal.** Fibra de agave, muy resistente y decorativa. Sensible a las manchas y difícil de limpiar con métodos húmedos.
- **Coco (coir).** Muy rugosa, ideal para felpudos y zonas de entrada. Solo limpieza en seco o con cepillos.

Fig. 10. Las fibras vegetales no deben someterse a limpiezas húmedas, ya que pueden deformarse, encoger o desarrollar moho

3.2. Fibras artificiales y sintéticas

A diferencia de las fibras naturales, estas se obtienen por procesos industriales a partir de materiales celulósicos (artificiales) o petroquímicos (sintéticos).

En pavimentos textiles, su uso es muy común debido a su resistencia, fácil mantenimiento y menor coste. Entre las más frecuentes encontramos:

- **Nylon (poliamida).** Alta resistencia al uso y elasticidad, y fácil de limpiar, pero puede cargarse de electricidad estática si no está tratada.
- **Polipropileno (olefina).** Resistente al agua y las manchas. No absorbe bien líquidos, por lo que la suciedad se queda en superficie y es fácil de retirar. Por otro lado, no es muy resistente al calor o fricción por lo que puede deformarse.
- **Poliéster.** Resistente y económico, además mantiene bien el color. Por el contrario, es menos elástico y puede apelmazarse con el tiempo.
- **Acrílico.** Aspecto similar a la lana, suave, y buen comportamiento térmico. Por otro lado, es menos duradero que otras fibras sobre todo en zonas de alto uso.

En una oficina con moqueta de polipropileno, se realiza limpieza con inyección-extracción utilizando una solución alcalina suave, ideal para este tipo de fibra por su tolerancia a la humedad y fácil evacuación de suciedad superficial.

Aunque las fibras sintéticas son más resistentes, no significa que todos los productos de limpieza sean adecuados. algunos pueden generar residuos pegajosos o atrapar polvo si no se aclaran correctamente.

3.3. Guía para desmanchado de moqueta

La eliminación de manchas en moquetas es una tarea habitual pero delicada. Una intervención eficaz depende de la rapidez de actuación, el tipo de mancha y la naturaleza de la fibra textil.

El uso de una técnica inapropiada puede extender la mancha, fijarla o deteriorar la superficie. Los pasos generales para el desmanchado son:

1. **Actuar lo antes posible.** Cuanto más fresca la mancha, más fácil será eliminarla.
2. **No frotar.** Presionar suavemente con papel o paño para absorber, sin extender.
3. **Usar productos específicos.** Según el tipo de mancha y moqueta.
4. **Aplicar desde el borde al centro.** Para evitar que la mancha se extienda.
5. **Aclarar si es necesario.** Siempre que el producto utilizado lo requiera, con una bayeta limpia humedecida.
6. **Secar completamente.** Evitar humedad residual que favorezca moho o malos olores.

A continuación, se expone una guía con el tratamiento recomendado para algunos ejemplos de manchas frecuentes.

Tipo de mancha	Procedimiento recomendado
Café, té, refrescos	Secar con papel y aplicar mezcla de agua tibia + detergente neutro
Vino tinto	Absorber, aplicar agua oxigenada diluida y enjuagar con agua
Chicle	Aplicar frío (hielo) y retirar cuidadosamente con espátula
Tinta	Alcohol isopropílico en pequeñas cantidades y no frotar
Sangre	Agua fría (nunca caliente) + detergente suave
Grasa/aceite	Polvo absorbente (bicarbonato o talco), luego aspirar y limpiar con desengrasante suave
Barro/tierra húmeda	Dejar secar, aspirar y limpiar con detergente diluido
Cera	Aplicar calor con papel absorbente y plancha, luego disolvente específico

En una sala de espera con moqueta, un cliente derrama vino tinto. Se actúa de inmediato con papel absorbente, se aplica agua oxigenada diluida con un pulverizador y se seca con un paño blanco limpio. Finalmente, se pasa la aspiradora para evitar restos de humedad.

Por otro lado, para intervenciones complejas o en manchas antiguas, es recomendable utilizar **kits profesionales de desmanchado por categorías** (orgánicas, pigmentarias, grasas, etc.) y siempre realizar una prueba previa en una zona poco visible.

4. Limpieza de superficies plásticas

Los plásticos son materiales sintéticos que presentan ventajas como su resistencia, impermeabilidad y bajo coste, pero también ciertas limitaciones frente a la abrasión o los productos agresivos.

Su uso como revestimiento de suelos o superficies técnicas (como paneles, rodapiés o mobiliario) exige una limpieza cuidadosa para evitar el rayado, el amarilleamiento por oxidación o la pérdida de brillo.

La variedad de compuestos (PVC, linóleo, vinilo, etc.) requiere que el personal de limpieza identifique el tipo de plástico con el que trabaja, ya que no todos toleran bien los mismos productos o métodos. Por tanto, el conocimiento de sus propiedades físicas y químicas permite mantener su funcionalidad y aspecto sin deterioros prematuros, especialmente en entornos sanitarios, educativos o industriales donde este tipo de superficies es habitual.

4.1. Principales tipos de suelos de PVC

El PVC (policloruro de vinilo) es uno de los materiales más utilizados en pavimentación técnica gracias a su resistencia, impermeabilidad, fácil limpieza y coste accesible.

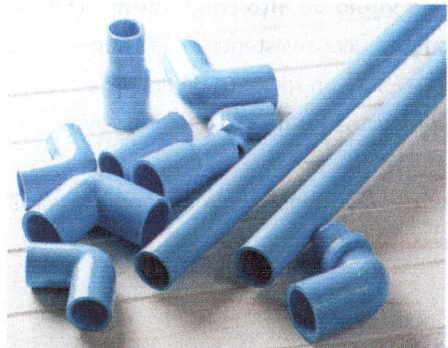

Fig. 11. El PVC se encuentra tanto en espacios domésticos como en entornos sanitarios, educativos, comerciales o deportivos

Este material se presenta en varias formas, cuyas propiedades condicionan el tipo de limpieza y mantenimiento que deben aplicarse. Las principales variedades y sus características son:

- **PVC homogéneo:**
    - Una sola capa de material con composición uniforme.
    - Alta resistencia al desgaste.
    - Se utiliza en hospitales y espacios de alto tránsito.
    - Fácil mantenimiento, pero necesita protección superficial para mantener el brillo.

- **PVC heterogéneo:**
    - Compuesto por varias capas: soporte, núcleo, capa decorativa y capa de uso.
    - Más versátil estéticamente.
    - Menor resistencia que el homogéneo, pero suficiente para oficinas, aulas o viviendas.

- **Láminas vinílicas autoadhesivas o en clic:**
    - o De instalación rápida, simulan madera o piedra.
    - o Uso frecuente en viviendas y tiendas.
    - o Sensibles al calor y a productos abrasivos.

- **Suelos técnicos de vinilo de alto rendimiento (LVT):**
    - o Diseño moderno, alta resistencia, capa superior tratada con poliuretano.
    - o Combinan estética con facilidad de limpieza.
    - o Necesitan productos pH neutro y no abrasivos.

Respecto a los aspectos clave a seguir a la hora de llevar a cabo la limpieza de pavimentos de PVC, se recomienda:

- Usar detergentes neutros diluidos.
- Evitar productos con disolventes, lejía o amoniaco.
- Aplicar cera emulsionada si se desea brillo y protección extra.
- Aspirar o barrer con frecuencia para evitar que las partículas duras rayen la superficie.

Ejemplo

Un centro de salud con PVC homogéneo limpia sus suelos con fregadora automática, usando solución de detergente neutro con desinfectante compatible y reaplica cera autobrillante cada seis meses para mantener la protección y el acabado.

4.2. El linóleo

El linóleo es un material natural fabricado a base de aceite de linaza, harina de madera, resinas y pigmentos naturales, sobre una base de yute.

Aunque durante décadas fue desplazado por materiales sintéticos, ha vuelto a ganar popularidad por ser ecológico, duradero y antibacteriano de forma natural. Sus principales características son:

- Flexible y cálido al tacto, ideal para colegios, hospitales, guarderías y residencias.
- Buena resistencia al tránsito si se protege adecuadamente.
- Sensibilidad al agua estancada y a productos muy alcalinos o ácidos.
- Envejece bien, pero puede oxidarse con el tiempo (efecto amarillento si se cubre parcialmente con alfombras o muebles).

Anotación

El linóleo no debe confundirse con el vinilo (PVC). Aunque a veces tienen aspecto similar, sus composiciones, comportamiento frente a productos químicos y necesidades de mantenimiento son distintas.

Respecto a sus cuidados específicos, cabe señalar:

- Limpieza en seco (barrer, aspirar o mopa) de forma frecuente.
- Limpieza húmeda con mopas bien escurridas y detergentes neutros.
- Recomendable aplicar emulsiones acrílicas protectoras que generen una película superficial contra el desgaste.
- No usar disolventes ni estropajos abrasivos.

En una guardería con pavimento de linóleo, se realiza una limpieza diaria con fregona húmeda (detergente neutro) y una aplicación trimestral de emulsión acrílica protectora. Se evita totalmente el uso de productos alcalinos y ceras con disolventes.

4.3. El caucho

El caucho, natural o sintético, es un material elástico, antideslizante, resistente al impacto y aislante. Se utiliza como pavimento en lugares donde la seguridad, el confort al caminar o la amortiguación de golpes es prioritaria, como:

- Áreas infantiles.
- Gimnasios y salas de musculación.
- Rampas, pasillos industriales o zonas con maquinaria.
- Transporte público y vestuarios.

Las propiedades de este tipo de material son:

- Antideslizante incluso en húmedo, ideal para zonas seguras.
- Amortigua el sonido y el impacto.
- Alta resistencia al desgaste, pero sensibilidad a disolventes y grasas.
- Puede ser liso, estriado o con relieve.

Por otra parte, el cuidado y mantenimiento de este se debe realizar de la siguiente forma:

- **Barrido/aspirado** (diariamente). Evita acumulación de polvo, que puede incrustarse en las texturas.
- **Fregado con mopa o fregadora** (semanalmente o según uso). Usar detergentes neutros y evitar exceso de agua para prevenir manchas.
- **Reaplicación de emulsión protectora** (trimestralmente). Crea película que facilita el mantenimiento y refuerza la resistencia al tránsito.
- **Eliminación de manchas específicas** (puntualmente). Nunca usar productos derivados del petróleo, lejía o limpiadores industriales.

En una zona deportiva con suelo de caucho en rollo, se limpia cada dos días con fregadora automática y solución neutra. Cada trimestre se aplica una cera acrílica mate para reforzar la protección sin alterar la adherencia.

El caucho es especialmente sensible a productos grasos o aceitosos, que pueden penetrar en el material, degradarlo y hacer que pierda su capacidad antideslizante. En entornos donde haya riesgo de este tipo de residuos, se recomienda una **protección periódica y actuación inmediata.**

Fig. 12. Las baldosas de caucho son más fáciles de reemplazar individualmente en caso de desgaste

5. Limpieza de superficies pétreas

Las superficies pétreas incluyen una gran diversidad de materiales de origen natural, como mármol, granito, pizarra o travertino, que se caracterizan por su resistencia y belleza estética.

No obstante, muchos de estos materiales presentan una porosidad elevada o sensibilidad a los ácidos, lo que los hace vulnerables a determinados productos de limpieza convencionales.

Desde el punto de vista técnico, el tratamiento de estas superficies debe contemplar no solo su limpieza, sino su conservación frente al desgaste, las manchas o la humedad ambiental. Además, su presencia en zonas representativas (portales, recepciones, escaleras) implica una intervención que respete sus propiedades estéticas. En este sentido, el uso de productos neutros, ceras específicas o tratamientos hidrófugos es un recurso común en planes de mantenimiento profesional.

5.1. Granito

Dentro de las piedras naturales, el granito destaca por su alta dureza, resistencia al desgaste y durabilidad, lo que lo convierte en uno de los materiales más empleados tanto en exteriores como en interiores.

Fig. 13. El granito se compone principalmente de cuarzo, feldespato y mica, lo que le proporciona una estructura granular, densa y de baja porosidad

Gracias a estas propiedades, el granito se encuentra frecuentemente en suelos de portales, fachadas, escaleras, encimeras, aceras y zonas comerciales.

Su mantenimiento es relativamente sencillo, pero para mantener su apariencia y evitar el deterioro, es importante respetar ciertos principios:

- **Evitar productos ácidos.** Aunque es más resistente que el mármol, el contacto prolongado con vinagre, limón, o productos antical puede dañar el brillo.
- **Usar detergentes neutros.** Su formulación respeta la superficie sin alterar su estructura.
- **Aplicar selladores hidrofugantes.** En instalaciones nuevas o tras una limpieza profunda, para evitar manchas por absorción.
- **No usar ceras.** Salvo en casos específicos donde se desee un acabado brillante, y siempre con productos compatibles.

Ejemplo

En un edificio de oficinas con suelo de granito pulido, se realiza limpieza diaria con mopa seca, limpieza semanal con fregadora automática y detergente neutro, y aplicación anual de un sellador hidrofugante invisible para reforzar la protección frente a manchas de aceite o líquidos.

5.2. El mármol

Si el granito se distingue por su resistencia, el mármol es conocido por su belleza, suavidad y elegancia estética, lo que lo convierte en un material habitual en vestíbulos, encimeras, baños, escaleras o suelos de viviendas y hoteles. Sin embargo, el mármol es mucho más poroso y químicamente sensible, por lo que su limpieza y conservación requieren mayor delicadeza y productos específicos.

Este material es calcáreo, compuesto fundamentalmente por carbonato cálcico, lo que implica una reacción inmediata con sustancias ácidas, que pueden provocar manchas opacas o corrosiones superficiales, conocidas como "ataques".

Por tanto, entre los cuidados esenciales que deben aplicarse destacan los siguientes:

- Nunca usar limpiadores ácidos o antical, ya que deterioran la superficie de forma irreversible.
- Utilizar detergentes neutros o formulados específicamente para mármol.

- Secar bien la superficie después de limpiar para evitar marcas de agua, especialmente en encimeras o zonas húmedas.
- Aplicar selladores o ceras protectoras de manera periódica si se desea conservar el brillo o evitar la absorción de manchas.
- Utilizar paños y movimientos circulares suaves en limpieza manual, ya que el uso de bayetas ásperas o estropajos puede rayar el mármol si se aplica demasiada fricción.

Un hotel con solería de mármol blanco realiza una limpieza diaria con mopa de microfibra y producto neutro. Cada seis meses se realiza un pulido mecánico ligero y se reaplica una cera especial para piedra natural con acabado satinado.

5.3. La pizarra

Entre los materiales pétreos, la pizarra ocupa un lugar particular por su estructura laminar, textura natural y resistencia a la intemperie, especialmente en zonas húmedas o con cambios térmicos. Es un material muy utilizado en suelos, revestimientos, cubiertas y jardines, tanto en interiores como exteriores.

La principal característica de la pizarra es su estructura en capas, que le confiere una superficie ligeramente rugosa y de aspecto mate o satinado. Esta textura, aunque muy decorativa, puede retener polvo o grasa con mayor facilidad, lo que requiere una limpieza más frecuente y adaptada.

Las recomendaciones a seguir para un correcto tratamiento son:

- Evitar cepillos duros que puedan desprender capas o generar rayaduras.
- Usar detergentes neutros, idealmente específicos para piedra natural.
- En el caso de manchas grasas, aplicar desengrasantes suaves compatibles con piedra.

- Aplicar protectores hidrofugantes o ceras en zonas interiores si se busca realzar el color y facilitar la limpieza.

El aspecto envejecido y mate de la pizarra puede restaurarse parcialmente con aceites minerales o ceras satinadas, pero siempre con productos formulados para este uso. No deben utilizarse ceras acrílicas convencionales, ya que pueden generar capas blanquecinas o resbaladizas.

En una casa rural con suelo de pizarra en el salón, se realiza limpieza semanal con mopa húmeda y producto neutro. Para evitar la acumulación de polvo en las irregularidades, se aspira con frecuencia, y se ha aplicado un protector que realza el color oscuro natural y evita manchas de barro o grasa.

5.4. El terrazo

Aunque no se trata de una piedra natural en sentido estricto, el terrazo es un material ampliamente utilizado como pavimento, especialmente en edificios públicos, centros educativos, hospitales y viviendas construidas en las décadas pasadas.

Este se compone de una mezcla de áridos de mármol o granito aglomerados con cemento, que se pulen para obtener una superficie uniforme y brillante.

Por otra parte, la limpieza del terrazo tiene ciertas particularidades que conviene tener en cuenta, como:

- Aunque es más resistente que el mármol, sigue siendo sensible a productos ácidos, ya que contiene componentes calcáreos.
- Su porosidad intermedia puede favorecer la absorción de manchas si no se encuentra bien sellado.

- Con el tiempo, el brillo puede perderse por abrasión mecánica, lo que puede corregirse mediante pulido y abrillantado mecánico, sin necesidad de sustituir el material.

Por tanto, el mantenimiento básico de este tipo de material debe incluir:

- Limpieza diaria con detergente neutro, preferiblemente sin espuma.
- Aplicación ocasional de cera metalizada o abrillantador para terrazo, si se desea conservar o aumentar el brillo.
- Evitar productos antical, lejías o desengrasantes industriales agresivos.

Aunque muchos terrazos modernos están tratados con resinas o endurecedores, los modelos antiguos pueden ser muy porosos. En esos casos, la aplicación de un sellador protector es clave para evitar manchas de grasa, tinta o productos corrosivos.

Ejemplo

En un instituto con suelo de terrazo, se realiza limpieza diaria con fregona industrial y producto neutro. Cada trimestre se realiza un abrillantado con máquina rotativa y cera autobrillante, y cada dos años se contrata un pulido profesional para eliminar rayaduras profundas.

5.5. Los travertinos

Los travertinos pertenecen a la familia de las piedras calizas y se caracterizan por su color cálido (crema, beige, miel) y sus vetas oquedades naturales, que le otorgan un aspecto elegante y rústico a la vez. Son muy utilizados en revestimientos verticales, baños, encimeras y suelos interiores de diseño.

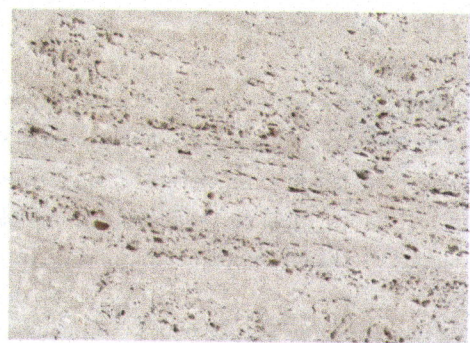

Fig. 14. En un baño con este revestimiento se aplica un sellador natural cada 12 meses para proteger las juntas y evitar la absorción de productos cosméticos o agua con cal

Su belleza natural implica, sin embargo, una mayor vulnerabilidad a agentes químicos y manchas, por lo que requieren un enfoque de limpieza preventivo y muy respetuoso. Entre las precauciones a tener en cuenta destacan:

- Evitar productos ácidos o antical, que pueden erosionar la superficie y dañar las vetas.
- Utilizar siempre detergentes pH neutro, diluidos adecuadamente.
- Aplicar tratamientos hidrofugantes o ceras protectoras que rellenen las microfisuras y aumenten la resistencia al uso.
- No frotar en exceso, especialmente si se trata de superficies sin pulir o con acabado rugoso.

Anotación

Las zonas pulidas deben limpiarse con paños suaves y secarse al instante para evitar marcas de agua, mientras que en los travertinos sin pulir o porosos, conviene realizar una limpieza menos húmeda y más frecuente, evitando la acumulación de suciedad en las cavidades.

5.6. Cerámicas

Los revestimientos cerámicos se encuentran entre los materiales más extendidos en construcción por su alta resistencia, facilidad de limpieza, variedad estética y bajo mantenimiento. A diferencia de las piedras naturales, la cerámica es un material industrial, generalmente no poroso, que se presenta en múltiples formatos: desde baldosas esmaltadas brillantes hasta piezas porcelánicas de gran formato o acabados rústicos.

Entre sus ventajas para el mantenimiento profesional se incluyen:

- Su resistencia química: permite el uso de productos alcalinos o desinfectantes sin riesgo de deterioro.
- Baja porosidad en los modelos esmaltados, lo que impide la absorción de líquidos y facilita la eliminación de manchas.
- Alta tolerancia a la humedad, el vapor o los cambios térmicos.
- No obstante, existen algunos puntos críticos a considerar:
- Las juntas de colocación (normalmente cementosas o con resina) pueden ser porosas, acumular suciedad o ennegrecerse si no se limpian adecuadamente.
- Las baldosas antideslizantes o rugosas, especialmente en exteriores o duchas, requieren cepillado frecuente para evitar la acumulación de moho, cal o restos orgánicos.

Respecto a su mantenimiento y limpieza, algunas recomendaciones imprescindibles son:

- Uso de detergente neutro o ligeramente alcalino según el nivel de suciedad.
- Aplicación ocasional de desincrustantes suaves, en superficies con restos de cal o jabón (p. ej., en baños).
- Empleo de cepillos suaves o estropajos no abrasivos para zonas rugosas.
- Mantenimiento de las juntas mediante cepillado o limpieza con vinagre blanco diluido (solo si el revestimiento lo tolera).

Anotación

Las cerámicas porcelánicas de gran formato, muy utilizadas actualmente, requieren cuidado especial durante la limpieza de fin de obra, ya que los restos de cemento o resina pueden fijarse en la superficie. En estos casos se recomienda un desincrustante específico para porcelánico y una intervención profesional si persisten residuos.

Ejemplo

En un vestuario con cerámica antideslizante en el suelo, se realiza limpieza diaria con fregona y solución de detergente alcalino. Una vez por semana se cepillan las juntas con cepillo de nylon y limpiador desincrustante compatible, aclarando bien para evitar residuos.

6. Limpieza de superficies metálicas

Las superficies metálicas forman parte del entorno arquitectónico y funcional en una amplia variedad de espacios, desde pasamanos, puertas, luminarias y electrodomésticos, hasta estructuras, maquinaria, mobiliario urbano y elementos decorativos.

Aunque pueden parecer resistentes y duraderos, los metales presentan reacciones químicas complejas frente a la humedad, los productos de limpieza y la contaminación ambiental, lo que exige criterios técnicos rigurosos para su limpieza y conservación.

Cada tipo de metal tiene una **composición química diferente,** lo que determina su comportamiento ante la oxidación, la abrasión o los agentes químicos. Además, los acabados superficiales (pulido, satinado, lacado, anodizado, cromado...) modifican la forma en que deben ser limpiados.

Entre los metales más comunes que se usan en entornos interiores y exteriores destacan:

- **Acero inoxidable.** Muy utilizado por su resistencia a la corrosión y su aspecto brillante. No obstante, es sensible a rayaduras y puede mancharse con huellas, cal o productos ácidos.
- **Aluminio.** Ligero y decorativo, pero altamente reactivo a productos alcalinos y propenso a la decoloración si no está anodizado.
- **Latón.** Aleación de cobre y zinc de tono dorado, habitual en tiradores y grifería. Puede oscurecerse por oxidación si no se protege adecuadamente.
- **Hierro o acero al carbono**. Muy resistente estructuralmente, pero vulnerable a la oxidación en presencia de humedad, sobre todo si no está pintado o tratado.
- **Cobre.** Decorativo, pero se oxida rápidamente, desarrollando una pátina verdosa. Requiere productos específicos y cuidado estético.

Fig. 15. El suelo de las escaleras mecánicas está compuesto de metal por su durabilidad y resistencia

Una limpieza adecuada de superficies metálicas debe cumplir tres objetivos: **preservar la funcionalidad, conservar el aspecto estético y evitar reacciones químicas adversas.** Para ello, se recomienda aplicar los siguientes criterios:

1. Identificar el tipo de metal y acabado antes de intervenir. No todos los productos son válidos para todos los metales.
2. Usar detergentes específicos o productos neutros, especialmente en superficies pulidas o de contacto alimentario.
3. Evitar productos abrasivos como estropajos metálicos, cepillos duros o pastas arenosas, que pueden generar arañazos.
4. Aplicar con frecuencia productos protectores (como aceites minerales, siliconas o ceras) en exteriores o zonas húmedas para prevenir la corrosión.
5. Secar siempre tras la limpieza, especialmente en zonas con agua o vapor, para evitar marcas de cal o puntos de óxido.

Para comprender el tratamiento adecuado de este tipo de material, se exponen a continuación algunos procedimientos adaptados a los metales que se han mencionado anteriormente.

Tipo de metal	Producto recomendado	Evitar	Frecuencia habitual
Acero inoxidable	Limpiador específico pH neutro + paño de microfibra	Estropajos, lejía, cloro, limpiadores con cloruros	Diaria en entornos alimentarios
Aluminio anodizado	Agua tibia + detergente suave	Limpiadores alcalinos o abrasivos	Semanal
Latón	Limpiador de latón o mezcla de limón y sal suave	Productos ácidos fuertes, frotar en seco	Según exposición
Cobre	Limón + bicarbonato o productos profesionales	Lana de acero, amoníaco	Mensual o según oxidación
Hierro pintado	Agua jabonosa + repaso de pintura si hay descascarillado	Agua estancada, abrasivos, humedad prolongada	Trimestral o anual

En sectores como el alimentario, sanitario o farmacéutico, las superficies metálicas deben mantenerse bajo normas estrictas de higiene, ya que están en contacto directo o indirecto con productos sensibles. En estos casos, se recomienda:

- Utilizar exclusivamente productos homologados con ficha técnica y pH neutro.
- Emplear paños desechables o sistemas de limpieza con garantía sanitaria.
- Las uniones, esquinas y estructuras metálicas deben revisarse con frecuencia para detectar puntos de óxido o desgaste.

Ejemplo

En una cocina profesional, las mesas de acero inoxidable se limpian después de cada turno con detergente específico para acero + bayeta de microfibra, se aclaran con agua y se secan completamente para evitar marcas. Una vez por semana, se aplica aceite protector apto para uso alimentario que mantiene el brillo y refuerza la barrera contra la corrosión.

Además de la limpieza funcional, muchas superficies metálicas **requieren mantenimiento estético,** especialmente si tienen fines decorativos (barandillas, esculturas, luminarias, grifería, electrodomésticos...). En estos casos, es común:

- Aplicar ceras para metal o esprays abrillantadores sin silicona, que crean una capa protectora.
- Usar paños de algodón sin pelusa, evitando el contacto con superficies sucias que puedan rayar.
- Evitar acumulaciones de producto que generen residuos pegajosos o manchas blanquecinas.

Anotación

En instalaciones exteriores, como farolas, cerramientos o mobiliario urbano metálico, se recomienda realizar una inspección visual trimestral para detectar signos de corrosión, pérdida de pintura o deterioro por agentes atmosféricos.

7. Otras superficies

Por último, en el ámbito de la limpieza profesional, existen elementos que, aunque no forman parte directa del mobiliario o los revestimientos, requieren intervenciones especializadas. Superficies como cristales, desagües, luminarias o rejillas de ventilación son esenciales para el confort, la eficiencia energética y la higiene ambiental.

Estos elementos presentan características específicas, como el acceso a zonas elevadas, la limpieza sin dejar marcas o la manipulación sin dañar componentes eléctricos o mecánicos. La actuación sobre ellos debe basarse en protocolos seguros, uso de herramientas específicas (limpiacristales con pértiga, bayetas de microfibra, productos antical, etc.) y, en algunos casos, procedimientos de limpieza técnica como el uso de vapor seco, ozono o sistemas ionizados.

7.1. Limpieza de cristales

La limpieza de cristales, aunque pueda parecer una tarea sencilla, requiere precisión técnica, herramientas específicas y planificación, especialmente cuando se trata de ventanas en altura, mamparas, vitrinas, escaparates o superficies acristaladas extensas.

El objetivo es lograr transparencia, ausencia de marcas y máxima visibilidad, sin dañar los marcos ni dejar residuos.

Por lo que los principios básicos para una correcta limpieza de cristales son:

- **Usar herramientas adecuadas.** Mojador de cristales (aplicador), regleta de goma (limpiacristales manual), raquetas extensibles y paños de microfibra.
- **Elegir el producto apropiado.** Limpiacristales con base de alcohol o solución de agua + unas gotas de detergente neutro.
- **Evitar limpiar en horas de sol directo.** El cristal se seca rápidamente y quedan marcas.

- **Seguir un orden lógico.** Primero los marcos, luego el vidrio, desde arriba hacia abajo y de forma continua.
- **Proteger la zona inferior o el suelo.** Con plásticos o paños, especialmente en interiores.

Fig. 16. La limpieza en exteriores se lleva a cabo con mojador, limpiacristales de goma y pértiga telescópica

 **Importante**

Cuando los cristales están situados a más de 2 metros de altura, debe evaluarse el riesgo y utilizar equipos de protección colectiva o individual, por ejemplo, escaleras certificadas, líneas de vida, plataformas elevadoras o pértigas profesionales.

7.2. Limpieza de desagües

Los desagües forman parte esencial de los sistemas de saneamiento y evacuación de aguas, tanto en cocinas, baños, vestuarios, como en terrazas y zonas técnicas. Su limpieza es fundamental para evitar atascos, malos olores, proliferación de bacterias y rebosamientos.

La limpieza profesional de desagües debe contemplar tanto el mantenimiento preventivo como la actuación puntual ante obstrucciones. Por tanto, el procedimiento básico de limpieza consiste en:

1. Retirar rejillas o tapas de los sumideros o sifones.
2. Limpiar manualmente los residuos sólidos visibles con guantes y herramienta adecuada.
3. Aplicar desengrasante o producto específico para desagües.
4. Enjuagar con abundante agua caliente, si la instalación lo permite.
5. Utilizar una sonda manual o espiral desatascadora, en caso de atascos parciales.

Respecto a los productos que se deben emplear, algunos de los más utilizados son:

- **Desatascadores químicos** (a base de sosa cáustica o enzimas). Deben utilizarse con guantes, gafas y ventilación.
- **Productos biológicos enzimáticos**. Recomendados para mantenimiento regular, menos agresivos con las tuberías.
- **Agua caliente + bicarbonato y vinagre**. Mezcla casera útil como mantenimiento preventivo.

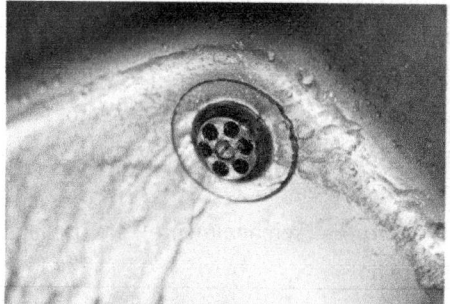

Fig. 17. La limpieza semanal de un desagüe se puede llevar a cabo con desengrasante biodegradable y enjuague con agua caliente; y una vez al mes se vierte producto enzimático para mantener la fluidez y eliminar olores

Anotación

La acumulación de cabello, grasa o restos orgánicos es habitual. En instalaciones antiguas o comunitarias, conviene realizar una limpieza profesional de conductos al menos una vez al año.

7.3. Limpieza de puntos de luz

Los puntos de luz, como interruptores, enchufes, luminarias, apliques o lámparas, son elementos que combinan función eléctrica con exposición ambiental, y que por tanto requieren una limpieza cautelosa y periódica para mantener su funcionalidad y seguridad. Las recomendaciones para una limpieza segura son:

- Desconectar la corriente eléctrica cuando se limpien luminarias, lámparas o apliques.
- Utilizar paños secos o ligeramente humedecidos con detergente neutro, evitando el contacto con zonas metálicas o enchufes activos.
- En luminarias con pantallas (tulipas, difusores, plafones), desmontar si es posible y limpiar por separado con agua y jabón.
- No aplicar producto directamente: siempre sobre el paño.

Para comprender el tratamiento adecuado de cada elemento, se exponen a continuación algunos procedimientos adaptados:

- **Interruptores y enchufes** (semanalmente). No usar líquidos, limpiar en seco o con espray sobre paño.
- **Lámparas de sobremesa** (quincenalmente). Desenchufar antes y usar paño suave.
- **Apliques de pared** (trimestralmente). Limpiar pantallas y difusores desmontables.
- **Plafones y fluorescentes** (semestralmente). Apagar la luz y retirar polvo con plumero o paño seco.

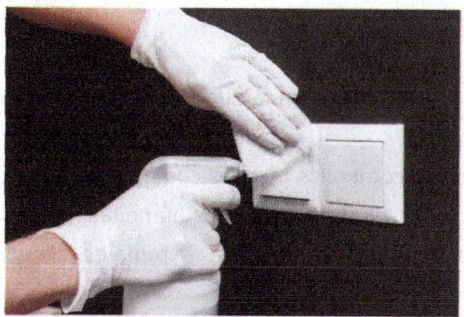

Fig. 18. Jamás deben utilizarse productos agresivos ni pulverizadores directos en instalaciones eléctricas: ante dudas, conviene consultar con personal técnico de mantenimiento

En una sala de reuniones con lámparas de techo y focos empotrados, se realiza limpieza mensual con plumero electrostático, y cada seis meses se desmontan las pantallas para su lavado con agua y jabón neutro.

7.4. Limpieza de salidas de aire acondicionado

Las salidas o rejillas de aire acondicionado suelen pasar desapercibidas, pero acumulan polvo, grasa, polen o microorganismos que afectan a la calidad del aire interior, la eficiencia del sistema y la salud de los ocupantes.

Una limpieza profesional periódica es clave para evitar problemas respiratorios, olores o mal funcionamiento. Los pasos recomendados para la limpieza de salidas son:

1. Desconectar el sistema o cerrar la zona de trabajo.
2. Retirar las rejillas o difusores si son desmontables.
3. Aspirar el polvo acumulado con boquilla suave.
4. Limpiar con paño húmedo y producto neutro o desinfectante autorizado.
5. Revisar y limpiar el entorno de la rejilla: falsos techos, huecos, zonas de acumulación.

6. Volver a montar la rejilla una vez seca.

Respecto a la frecuencia orientativa con la que se debe llevar a cabo esta limpieza, es:

- Mensual en oficinas, comercios o zonas con mucho tránsito.
- Quincenal en cocinas, gimnasios o zonas húmedas.
- Tras cualquier obra o intervención en el sistema de climatización.

Fig. 19. Una vez al año, se debe realizar limpieza técnica de filtros y conductos por una empresa especializada

 **Importante**

El mantenimiento correcto del aire acondicionado no solo implica limpieza visual de rejillas, sino revisión de filtros, ventiladores y conductos, por lo que es recomendable tener un plan de mantenimiento anual integral, especialmente en edificios con sistemas centralizados.

Resumen

La limpieza profesional de superficies requiere un conocimiento profundo de los materiales presentes en suelos, paredes, mobiliario y elementos complementarios. Cada tipo de superficie posee características físicas y químicas particulares que determinan su comportamiento frente al uso, la humedad, los productos químicos y los procedimientos de mantenimiento. Por tanto, una correcta limpieza no solo busca eliminar la suciedad visible, sino también proteger, conservar y prolongar la vida útil de los materiales tratados.

En primer lugar, los pavimentos deben conservarse mediante rutinas adaptadas a su naturaleza. Los productos más empleados en la limpieza profesional incluyen detergentes neutros, desengrasantes, desinfectantes, ceras, decapantes y abrillantadores, cada uno con una función específica.

En cuanto a los suelos de madera, estos exigen cuidados más especializados debido a su sensibilidad a la humedad y a los productos químicos agresivos. La limpieza debe adaptarse al tipo de acabado: barnizado, aceitado o encerado. En estos casos, se emplean detergentes neutros, mopas secas y tratamientos periódicos con productos específicos (aceites, ceras o abrillantadores).

Las fibras textiles, tanto naturales como sintéticas, deben identificarse correctamente antes de aplicar cualquier método de limpieza. Las fibras naturales son más sensibles al agua y deben limpiarse en seco o con productos suaves. Las fibras sintéticas permiten métodos húmedos como la inyección-extracción, aunque también exigen productos compatibles para no dejar residuos pegajosos.

Los suelos plásticos, especialmente los de PVC y vinilo, son comunes por su facilidad de limpieza y resistencia. Aun así, su mantenimiento debe respetar la sensibilidad a ciertos productos alcalinos o disolventes, y se beneficia del uso de ceras emulsionadas y detergentes neutros.

Por otro lado, las superficies pétreas incluyen materiales como el mármol, el granito, la pizarra, el terrazo o los travertinos. Cada uno presenta distintos niveles de porosidad y resistencia química. En todos los casos se deben evitar productos abrasivos o ácidos, y recurrir a selladores, ceras naturales o productos específicos para piedra natural.

Las superficies metálicas requieren un tratamiento cuidadoso para evitar la oxidación, los rayados o las reacciones químicas. El acero inoxidable, el aluminio, el cobre, el latón o el hierro pintado deben limpiarse con productos neutros, evitar los abrasivos y, en muchos casos, recibir una protección con aceites minerales o ceras específicas.

Finalmente, existen otros elementos que también requieren limpieza especializada: los cristales deben limpiarse con herramientas adecuadas como mojadores y regletas de goma, evitando marcas y rayaduras; los desagües deben mantenerse limpios para prevenir atascos y olores, mediante productos enzimáticos o desatascadores; los puntos de luz deben limpiarse con el suministro eléctrico desconectado y sin aplicar líquidos directamente; y las salidas de aire acondicionado necesitan una limpieza periódica de rejillas, difusores y, si procede, revisión técnica de filtros y conductos.

Glosario

Acabado

Tratamiento final aplicado a un material (barnizado, aceitado, esmaltado, etc.) que determina su aspecto y resistencia.

Acrílico (protector)

Cera o recubrimiento sintético usado para proteger suelos plásticos o pétreos, aportando brillo y resistencia.

Cera

Producto de mantenimiento que forma una película protectora sobre superficies como madera, terrazo o linóleo.

Cristalizador

Producto que, al aplicarse sobre pavimentos de mármol o terrazo, endurece y da brillo mediante reacción química.

Decapante

Sustancia que elimina capas anteriores de cera, barniz o pintura antes de una nueva aplicación.

Desengrasante

Producto químico formulado para eliminar grasas y aceites, especialmente en cocinas e industrias.

Desincrustante

Limpiador específico para eliminar incrustaciones de cal o restos minerales en superficies resistentes.

Hidrofugante

Producto que protege materiales porosos contra la absorción de agua, evitando manchas y deterioro.

Inyección-extracción

Técnica de limpieza húmeda en moquetas y textiles que combina la inyección de agua con succión inmediata.

Oxidación

Reacción química de los metales al contacto con oxígeno y humedad, que genera corrosión.

Pátina

Capa superficial que se forma por envejecimiento u oxidación en materiales como el cobre o el latón.

pH

Medida de acidez o alcalinidad de una sustancia. Valores entre 6 y 8 se consideran neutros y seguros para la mayoría de superficies.

Pulido

Técnica de tratamiento superficial que elimina imperfecciones y aporta brillo, especialmente en piedra natural o terrazo.

Sisal

Fibra vegetal resistente, utilizada en alfombras rústicas, que se limpia en seco o con cepillado suave.

Ejercicios de autoevaluación

1. ¿Cuál de estas fibras sintéticas se caracteriza por su resistencia y flexibilidad?

- a. Algodón.
- b. Sisal.
- c. Nylon (poliamida).
- d. Cobre.

2. ¿Qué sustancia natural puede oscurecerse si no se protege adecuadamente?

- a. PVC.
- b. Gres.
- c. Latón.
- d. Linóleo.

3. ¿Qué característica hace que el mármol sea especialmente vulnerable?

- a. Es rugoso.
- b. Es muy duro.
- c. Es calcáreo y reacciona con ácidos.
- d. Es ignífugo.

4. ¿Qué elemento de instalación debe revisarse en la limpieza de aire acondicionado?

- a. Cristales.
- b. Rejillas y conductos.
- c. Marcos de puertas.
- d. Cables de red.

5. ¿Qué tipo de suelo se fabrica a partir de harina de madera y resinas naturales?

 a. PVC.
 b. Linóleo.
 c. Polipropileno.
 d. Gres esmaltado.

6. ¿Qué procedimiento está indicado para eliminar restos de chicle en moqueta?

 a. Aplicar hielo y retirar con espátula.
 b. Verter vinagre caliente.
 c. Frotar con alcohol.
 d. Rociar lejía.

7. ¿Qué ventaja tiene el terrazo frente al mármol?

 a. Tiene más brillo natural.
 b. Mayor resistencia al rayado.
 c. No necesita pulido.
 d. Resiste productos ácidos.

8. ¿Qué tipo de madera necesita reaplicación de aceite como protección?

 a. Laminado sintético.
 b. Madera barnizada.
 c. Madera natural aceitada.
 d. MDF pintado.

9. ¿Qué producto está indicado para desinfectar superficies textiles sin dañarlas?

a. Lejía.

b. Amoniaco.

c. Bactericida textil autorizado.

d. Antical diluido.

10. ¿Qué tipo de limpieza requiere el uso de pértigas o plataformas elevadoras?

a. Limpieza de moquetas.

b. Limpieza de acero inoxidable.

c. Limpieza de linóleo.

d. Limpieza de cristales en altura.

Aplicaciones prácticas

Aplicación práctica 1. Procedimientos de limpieza para diferentes tipos de superficies

Módulo 1. Limpieza y tratamiento de superficies

En el plan de mantenimiento de un edificio administrativo se han incluido tareas específicas para superficies como tarima flotante, moqueta, linóleo y terrazo.

Al revisar el procedimiento de trabajo, se detecta que el documento entregado al nuevo personal de limpieza está incompleto y contiene indicaciones poco precisas o erróneas.

Completa correctamente la siguiente tabla, aplicando tus conocimientos sobre los productos recomendados, la frecuencia orientativa y los procedimientos seguros y eficaces en la limpieza de estas superficies.

Tipo de superficie	Procedimiento adecuado	Producto recomendado	Frecuencia orientativa
Tarima flotante	-	-	-
Moqueta	-	-	-
Linóleo	-	-	-
Terrazo	-	-	-

Aplicación práctica 2. Limpieza de otras superficies

Módulo 1. Limpieza y tratamiento de superficies

Durante una revisión del trabajo diario de limpieza en diferentes zonas de un centro de formación, se han identificado cuatro errores frecuentes cometidos por el personal de nuevo ingreso al enfrentarse a superficies técnicas: luminarias, cristales, rejillas de ventilación y sumideros.

A continuación, se describen las situaciones observadas:

A. Durante la limpieza de puntos de luz, se aplica el limpiador directamente sobre el enchufe.

B. Una rejilla de ventilación de oficina muestra acumulación de polvo y no se desmonta para su limpieza.

C. Un operario limpia los cristales de una fachada en pleno mediodía, y el resultado muestra muchas marcas secas.

D. En un baño, los sumideros emiten mal olor y presentan residuos de cal y restos de jabón.

Propón para cada una la solución técnica más adecuada y, además, explica brevemente por qué esa solución es la correcta, justificando el criterio aplicado.

Ejercicio de evaluación final

1. ¿Cuál es el producto más recomendable para limpiar suelos de madera barnizada?

    a. Amoniaco.

    b. Alcohol de limpieza.

    c. Lejía diluida.

    d. Detergente neutro.

2. ¿Qué tipo de pavimento se compone de una mezcla de cemento y áridos de mármol o granito?

    a. Linóleo.

    b. Terrazo.

    c. Pizarra.

    d. PVC homogéneo.

3. ¿Cuál de las siguientes fibras es de origen natural?

    a. Lana.

    b. Poliéster.

    c. Acrílico.

    d. Nylon.

4. ¿Qué metal es especialmente sensible a los productos alcalinos?

    a. Acero inoxidable.

    b. Aluminio.

    c. Latón.

    d. Cobre.

5. ¿Qué tipo de limpiador se debe evitar sobre mármol?

    a. Detergente neutro.

    b. Limpiador ácido o antical.

    c. Agua destilada.

    d. Jabón neutro con pH controlado.

6. ¿Qué tipo de madera es más vulnerable a la humedad y requiere aceitado periódico?

    a. Roble barnizado.

    b. Tarima de madera natural sin tratar.

    c. Madera laminada.

    d. Tablero MDF.

7. ¿Qué tipo de producto se utiliza para evitar la absorción de manchas en moquetas?

    a. Desinfectante.

    b. Detergente ácido.

    c. Bicarbonato.

    d. Protector antimanchas.

8. ¿Cuál de estos pavimentos es sensible a la humedad y se limpia en seco?

    a. PVC heterogéneo.

    b. Mármol pulido.

    c. Sisal.

    d. Porcelánico.

9. ¿Qué tipo de cera se emplea habitualmente en suelos de linóleo?

a. Cera acrílica protectora.

b. Cera vegetal sin disolvente.

c. Cera metálica alcalina.

d. No se aplica cera en linóleo.

10. ¿Qué herramienta se recomienda para limpiar grandes superficies acristaladas?

a. Mojador y limpiacristales de goma.

b. Bayeta de algodón.

c. Cepillo de cerdas duras.

d. Estropajo con jabón.

11. ¿Cuál es el principal riesgo al usar fregona muy húmeda sobre tarima flotante?

a. Acumulación de polvo.

b. Hinchazón o deformación del material.

c. Arañazos.

d. Pérdida de color.

12. ¿Qué tipo de pavimento tiene alta resistencia al tránsito y es de material sintético?

a. Moqueta de lana.

b. Mármol envejecido.

c. PVC homogéneo.

d. Corcho.

13. ¿Qué producto casero puede usarse con precaución en la limpieza de cobre?

a. Vinagre y lejía.
b. Jabón negro.
c. Limón con bicarbonato.
d. Salfumán diluido.

14. ¿Qué piedra natural presenta estructura en capas y aspecto mate?

a. Mármol.
b. Travertino.
c. Pizarra.
d. Granito.

15. ¿Qué medida se recomienda al limpiar puntos de luz?

a. Pulverizar directamente.
b. Usar paño seco o ligeramente humedecido.
c. Aplicar alcohol puro.
d. Desenchufar solo si es lámpara.

16. ¿Qué tipo de limpiador está desaconsejado en superficies metálicas?

a. Detergente neutro.
b. Limpiador con cloruros o abrasivo.
c. Aceite mineral.
d. Alcohol sanitario.

17. ¿Qué tipo de cerámica requiere cepillado frecuente por su superficie rugosa?

    a. Gres esmaltado.

    b. Porcelánico satinado.

    c. Baldosa antideslizante.

    d. Gresite.

18. ¿Qué acción es imprescindible tras limpiar un cristal para evitar marcas?

    a. Secar con regleta de goma o paño seco.

    b. Frotar con estropajo.

    c. Aplicar abrillantador.

    d. Dejar secar al aire.

19. ¿Qué tipo de producto ayuda a eliminar olores en moquetas sin dañar fibras?

    a. Lejía diluida.

    b. Amoniaco.

    c. Sal con vinagre.

    d. Neutralizador de olores específico.

20. ¿Qué es recomendable aplicar en granito para prevenir manchas?

    a. Abrillantador ácido.

    b. Cera alcalina.

    c. Sellador hidrofugante.

    d. Agua oxigenada.

Solucionario

Módulo 1. Limpieza y tratamiento de superficies

1. c

2. c

3. c

4. b

5. b

6. a

7. b

8. c

9. c

10. d

Bibliografía

Webgrafía

Cómo cuidar y limpiar diferentes tipos de superficies de madera
https://limpiezasrossel.com/como-limpiar-la-madera/

Cómo elegir suelos vinílicos
https://www.leroymerlin.es/ideas-y-consejos/como-elegir/como-elegir-suelos-vinilicos.html

Cómo limpiar los cristales
https://www.elmueble.com/orden-limpieza-ahorro/como-limpiar-cristales_43095

Cómo limpiar superficies metálicas sin dañarlas: guía y productos recomendados
https://quimilan.com/blog/industria/como-limpiar-superficies-metalicas-sin-danarlas-guia-y-productos-recomendados/

Limpieza de textiles en grandes espacios
https://ibericaserviciosintegrales.com/limpieza-textiles/

Pavimentos Niberma: poliuretano, caucho y linóleo
https://niberma.es/pavimentos-niberma-poliuretano-caucho-y-linoleo/

Pavimentos textiles: materiales y usos
https://tectonica.archi/articles/pavimentos-textiles-materiales-y-usos/

Sistemas de protección superficial para el hormigón
https://anfapa.com/articulos-tecnicos-morteros-de-reparacion-de-hormigon/1167/sistemas-de-proteccion-superficial-para-el-hormigon

Suelos de caucho y linóleo en viviendas

https://www.reformasmalagasermul.com/uncategorized/suelos-de-caucho-y-linoleo-en-viviendas/

Tratamientos protectores para la madera en exteriores: Tipos, aplicaciones y cuidados

https://www.uni-her.com/blog/tratamientos-protectores-madera-exteriores-tipos-aplicaciones-cuidados/?srsltid=AfmBOooZNQIAaeWlkHIA19V1WrsJhF6IS_ebaCNvXjKCubZlBdwxY0yi

Vida útil y mantenimiento de materiales pétreos

https://i15studio.com/vida-util-y-mantenimiento-de-materiales-petreos/